하루 5분
두뇌운동
수학 퍼즐

하루 5분
두뇌 운동 수학 퍼즐

ⓒ 박구연, 2024

초판 1쇄 인쇄일 2024년 11월 22일
초판 1쇄 발행일 2024년 12월 03일

지은이 박구연
펴낸이 김지영   펴낸곳 지브레인^{Gbrain}
편   집 김현주
마케팅 조명구   제작 · 관리 김동영

출판등록 2001년 7월 3일 제2005-000022호
주소 04021 서울시 마포구 월드컵로7길 88 2층
전화 (02)2648-7224   팩스 (02)2654-7696

ISBN 978-89-5979-801-8(03410)

하루 5분
두뇌 운동
수학 퍼즐

박구연 지음

지브레인

머리말

　여러분은 무언가 답이 분명한 문제들을 좋아하나요? 아니면 철학적인 사고를 필요로 하는 다양성을 갖춘 문제들을 좋아하나요?

　수학 퍼즐은 답이 분명하기도 하지만 논리적인 사고력을 요구하면서 창의적인 생각도 필요로 합니다.

　수학 퍼즐은 직감적으로 풀 수도 있겠지만 대부분은 정확한 이론이나 논리적 사고력을 바탕으로 풀어나갑니다. 이 책은 성냥개비, 단어, 낱말, 배열, 숫자, 규칙, 스도쿠 퍼즐을 포함한 100문제의 퍼즐이 수록되어 있습니다. 난이도가 별하나인 것도 있지만 별이 5개인 것도 있습니다. 여러분은 이 퍼즐들을 어떻게풀지 기대하며 이 책을 시작할 것입니다. 어떤 퍼즐은 암호 해독하는 듯할 것입니다. 생각했던 방법이 모두 실패할 수도 있습니다. 그럴 때는 급하게 하지 말고 잠시 쉬면서 나만의 방법을 찾는 것도 수학 퍼즐의 긍정적 효과입니다.

　수학 퍼즐이 치매 예방과 지능 개발에 많은 영향을 준다는 것은 이미 알려진사실입니다. 수학을 재미있게 즐길 수 있도록 하는 것도 수학퍼즐의 장점 중 하나입니다. 수학에 자신감과 호기심을 불러일으키는 것도 수학의 역할이기도합니다. 어쩌면 여러분은 답안과 다른 여러분만의 독창적이고 놀라운 방법을찾아낼 수도 있을 것입니다.

　그러니 그냥 즐기면서 난이도가 다양한 이 100개의 수학 퍼즐을 시작해 보세요.

　챗GPT로 더 빨라진 인공지능의 세상에는 수학 퍼즐의 논리와 아이디어, 문제해결 능력 등이 좋은 도구가 될 수 있습니다. 수학 퍼즐로 어려운 수학 대신즐기는 수학을 시작해 보세요.

즐거운
수학 퍼즐
GO →

짝 없는 도형 찾기

1개의 도형을 제외하고는 모두 짝이 있습니다. 짝이 없는 도형을 찾아보세요.

다음 보기 의 도형을 완성하기 위해서 필요한 2개의
도형을 서로 이어 보세요.

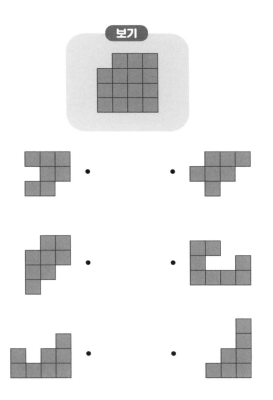

7

넓이 구하기

　다음 그림을 완성한 조각의 한 변의 길이는 2cm입니다. 색칠한 그림의 넓이를 구하세요.

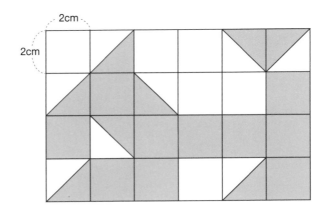

계산식 부호

다음 계산식이 성립하도록 +, −, ×, ÷를 한 번씩만 사용하여 완성하세요.

$$5\square5\square4\square4\square8=32$$

숫자 쌓기

각 블록의 숫자를 더하면 바로 윗 블록의 숫자가 됩니다. 물음표 자리에 알맞은 숫자를 채우세요.

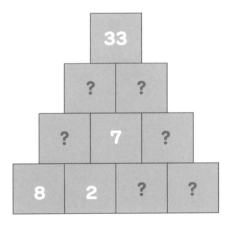

패턴 찾기

다음 블록판의 색칠된 패턴을 찾아 점선 안을 색칠하세요.

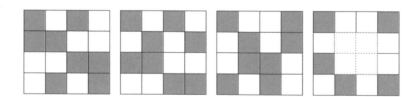

신발장의 숫자

신발장에 숫자가 적혀 있습니다. 숫자의 관계를 파악해
?에 알맞은 숫자를 구하세요.

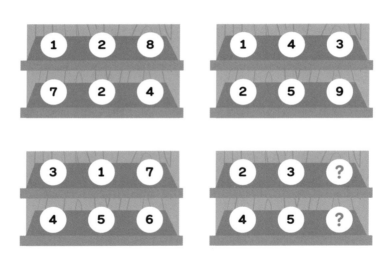

스도쿠

빈 칸 안을 채우세요.

1			
3			
	3		2
			3

영어 단어와 숫자

다음 단어를 보고 알맞은 숫자를 구하세요.

ASIA=0

EGG=1

SEVEN=2

ASSEMBLEY=2

EVERYONE=?

여러 가지 도형

다음 도형의 숫자는 무엇을 의미할까요? 3번째 도형의
A와 B에 알맞은 숫자를 구해 보세요.

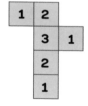

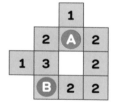

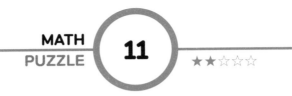

성냥개비 퍼즐

성냥개비를 1개만 이동해 참인 등식이 성립하도록 만들어 보세요.

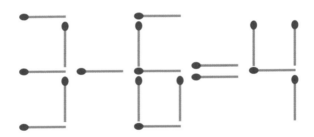

MATH PUZZLE 12 ★★☆☆☆

성질 다른 알파벳 찾기

다음 중 성질이 다른 알파벳 1개를 찾아보세요.

구슬

유리병 안에 구슬이 7개 있습니다. 그런데 1개는 다른 6개의 구슬과 관련이 없습니다. 구슬의 숫자로 관련이 없는 구슬을 찾으세요.

다른 문양 찾기

16개의 문양이 있습니다. 이 중에서 하나만 다른 문양입니다. 어떤 것인지 찾아 동그라미해 보세요.

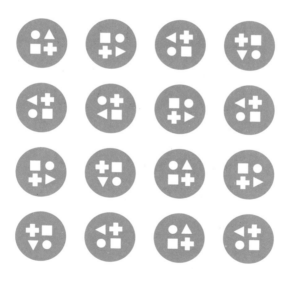

연결된 나무 토막

연결된 나무 토막 속 숫자의 규칙을 보고 A, B, C에 알맞은 숫자를 구하세요.

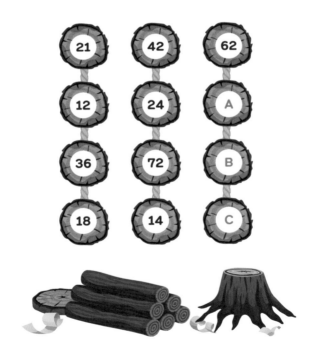

MATH PUZZLE 16 ★☆☆☆☆

도형 분할

반드시 한 마리의 나비를 포함하여 5칸씩 되도록 나누
어 보세요.

마법의 수

?에 알맞은 수를 구하세요.

2 → 2
3 → 6
4 → 12
5 → ?

하모니 퍼즐

삼각형과 사각형을 보고 오각형에 알맞은 단어를 만들어 보세요.

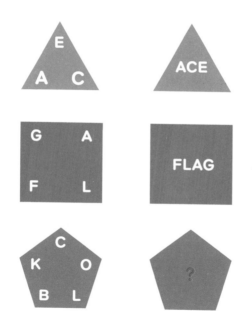

MATH PUZZLE ★☆☆☆☆

링크

요요 안의 숫자만큼 선분을 연결해 완성하세요

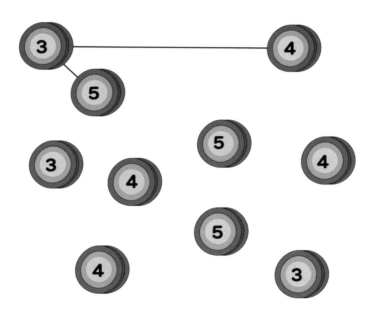

정육면체

전개도대로 접어서 정육면체를 완성했을 때 나올 수 없는 형태는 어느 것일까요?

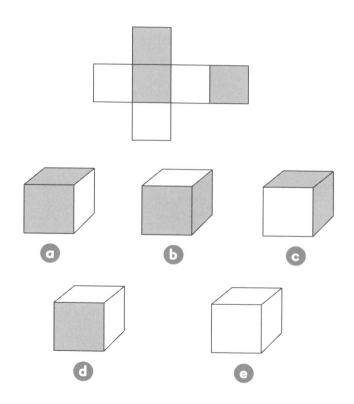

빼놓은 블록의 개수 찾기

다음 그림은 원래 5×5×5(개)였던 블록이었습니다. 그렇다면 여기서 몇 개의 블록을 뺀 것일까요?

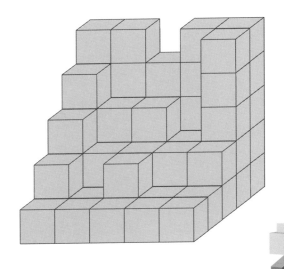

MATH PUZZLE 22 ★★☆☆☆

합계 만들기

5개의 블록을 묶어서 합이 15가 되도록 나누어 보세요.

4	3	2	1	2
5	2	1	5	4
5	3	3	6	2
1	2	4	2	3
7	1	2	4	1

MATH PUZZLE 23

★★☆☆☆

부등호로 정하기

다음 부등호는 정사각형 안의 숫자가 이웃한 숫자보다 크거나 작은 것을 나타냅니다. 가로행과 세로열에 숫자를 중복되지 않게 1부터 4까지 한 번씩만 사용하여 넣으세요.

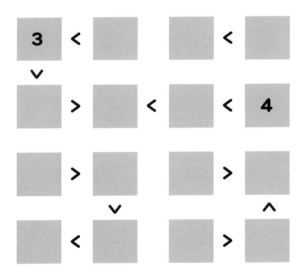

이상한 연산

다음 연산식을 보고 **?** 에 알맞은 숫자를 구하세요.

601 + 908 = 915
191 + 868 = ?

MATH PUZZLE 25 ★★★☆☆

연산 기호

연산기호인 ⊙에 따라 계산하니 2⊙5=12, 3⊙7=24가 됩니다. 9⊙2는 무엇일까요?

블록 규칙

규칙을 보고 쌓여 있는 블록 중에서 빈 칸에 알맞은 숫자를 구하세요.

		2		
	6	4	7	
7	3	2	1	8
3	1	2	2	?

패턴 찾기

주사위 눈 3개에는 패턴이 있습니다. **?**에 알맞은 숫자
를 구하세요.

33   **54**   **?**

MATH PUZZLE 28 ★★☆☆☆

다음 자음의 아래에 있는 숫자는 무엇을 의미할까요?
물음표 안에 알맞은 숫자를 구하세요.

ㄱ ㄴ ㄷ ㄹ ㅁ ㅂ
❶ ❶ ❷ ❹ ❹ ❓

제빵기

밀가루에 5개의 번호를 섞어 넣어 빵을 만들면 한 개의 숫자 빵이 완성됩니다. 밀가루 속 5개의 숫자와 빵의 숫자 사이의 규칙을 찾아 에 들어갈 숫자를 구하세요.

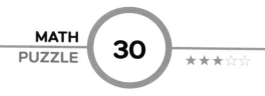

이상한 숫자 규칙

네 자릿수의 숫자가 있습니다. 네 자릿수 숫자들 사이
의 규칙을 찾아 **?** 안에 알맞은 숫자를 넣으세요.

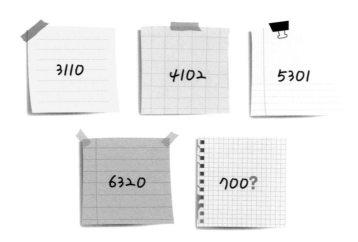

영어 단어

다음 3개의 단어를 재조합하여 우리가 많이 사용하는 영단어를 1개로 만들어 보세요.

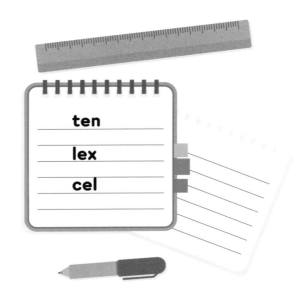

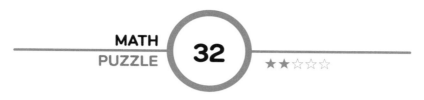

성냥개비를 이동해 참인 등식을 만들어 보세요.

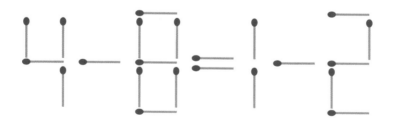

MATH PUZZLE 33 ★★★☆☆

이상한 연산

다음 연산식을 보고 ?에 알맞은 숫자를 구하세요.

10 × 10 = 1
27 × 26 = 72
35 × 17 = 60
58 × 91 = ?

숫자 규칙 찾기

다음 '같지 않다 기호(≠)'를 보고 규칙을 찾아 빈 칸 안에 알맞은 숫자를 구하세요.

17 ≠ 71
78 ≠ 17
91 ≠ 80
18 ≠ 11
8☐ ≠ 18

잉크병과 두루마기

잉크병과 두루마기 속 숫자의 관계를 찾아 마지막 4번째 잉크병에 알맞은 두 자릿수를 구해보세요.

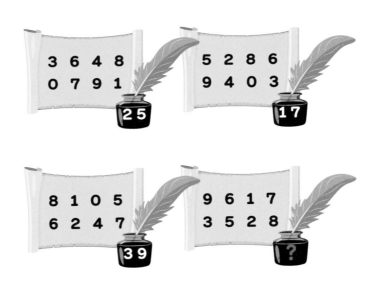

알파벳 맞추기

6개의 전구가 있습니다. 마지막 칸에 알맞은 알파벳은 무엇일까요?

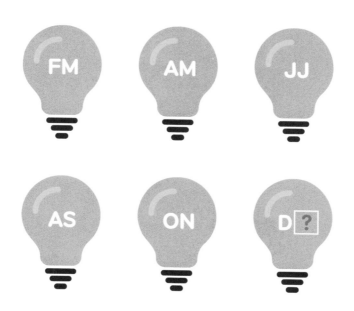

움직이는 톱니바퀴

★★★☆☆

회전 방향이 서로 반대인 두 개의 톱니바퀴가 있습니다. 5와 2가 처음으로 맞물린다고 할 때 계속 회전하면 **?**에 알맞은 숫자는 무엇일까요?

참인 등식 만들기

10000이 100이 될 수 있도록 **보기** 의 한자 중 부수
하나를 이용해 참인 등식으로 만들어 보세요.

10000=100

엘리베이터의 암호

    수학 세상의 엘리베이터를 타기 위해서는 엘리베이터의 암호를 찾아 마지막 버튼에 해당하는 숫자를 눌러야 문이 열립니다. 암호의 숫자는 무엇일까요?

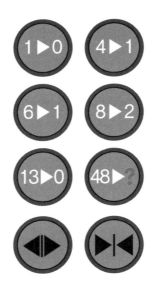

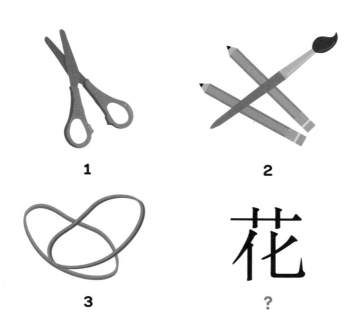

여러 가지 그림

그림과 숫자의 규칙을 찾아 ?에 알맞은 숫자를 넣으세요.

1

2

3

?

다음 빈 칸 안에 알맞은 숫자는 무엇일까요?

1	2	1
	11	3
		4

1	1	3
	14	4
		5

2	1	4
	?	6
		2

논리 사고력 퍼즐

그림 사이의 관계를 찾아 4번째에 알맞은 그림은 무엇
인지 맞춰보세요.

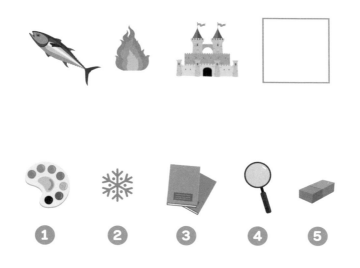

원판 퍼즐

두 개의 원판이 있습니다. 원판의 숫자는 어떤 관계가
있을까요? 빈 칸 안에 알맞은 숫자를 구하세요.

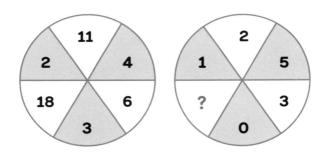

꼭짓점의 비밀

오각형의 꼭짓점에는 5개의 숫자가 있습니다. 두 개의 오각형을 살펴보면 재밌는 규칙을 발견할 수 있습니다. 그 규칙을 적용해 오각형의 꼭짓점 **?**에 알맞은 숫자를 구하세요.

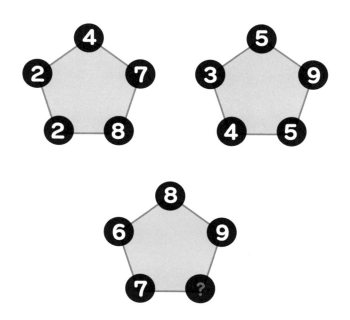

다양성 사고력 퍼즐

물고기 안의 숫자 사이에는 어떤 관계가 있을까요? 규칙을 찾아 A와 B에 알맞은 숫자를 구하세요.

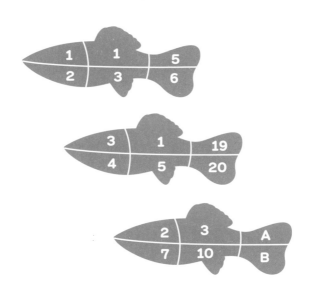

MATH PUZZLE 46 ★★☆☆☆

벌집 속 숫자의 비밀

벌집 모양의 통에 적혀 있는 숫자의 의미를 찾아 A와 B에 알맞은 숫자를 넣으세요.

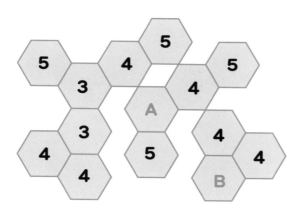

버스 바퀴의 규칙

버스 바퀴의 숫자는 무슨 관계가 있을까요? 빈 칸에 알맞은 숫자를 구하세요.

좌우대칭 도형 만들기

15개의 블록으로 다람쥐 모양을 만들었습니다. 이 중에서 3개를 이동하여 좌우대칭인 도형을 만들어 보세요.

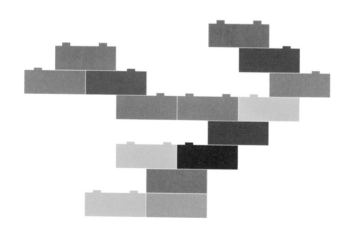

규칙 찾기

감 안에 숫자가 있습니다. **?** 안에 알맞은 숫자를 넣으세요.

사고력 숫자 퍼즐

개미의 등과 꼬리에 있는 숫자와 돋보기 속 숫자를 보고 A, B에 알맞은 한 자릿수를 채우세요.

MATH
PUZZLE 51 ★★★☆☆

구슬 짝 찾기

3개의 구슬의 짝을 잘 지어서 숫자를 만들면 규칙이 있습니다. **?** 안에 알맞은 숫자를 구하세요.

왼쪽 피라미드에서 규칙을 찾아 오른쪽 피라미드의 A와
B에 알맞은 숫자를 넣으세요.

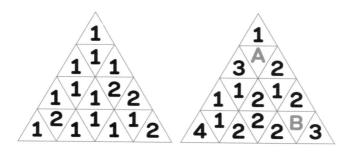

패턴 맞추기

다음 그림판의 숫자와 색을 보고, 빈 칸에 알맞은 것을 고르세요.

2		7			T	1
	5		2	T	3	
	T					2
2			?		4	
3						6
T	4	1		1	3	1
3	1		1	5		T

❶

2	1	4
T	6	
		T

❷

	5	1
3	T	1
T	2	2

❸

2	6	
	T	4
T	1	

❹

2	6	
	T	4
T	1	

❺

2	4	1
	T	3
T	1	1

알파벳 추리

A, B, C가 서로 이웃하지 않게 배치된 벽을 완성하려면
A, B, C 중 빈 칸에 알맞은 알파벳은 무엇일까요?

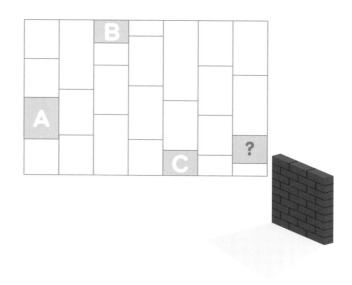

참인 등식 만들기

다음 거짓인 등식에서 1개의 가로선을 수식에 그었더 니 참인 식이 되었습니다. 등호는 변하지 않습니다. 참인 등식으로 만드세요.

$$19 \times 11 = 10$$

도형의 합계

표에 놓인 4개의 도형의 합계를 비교하여 도형에 알맞은 숫자를 각각 구하세요.

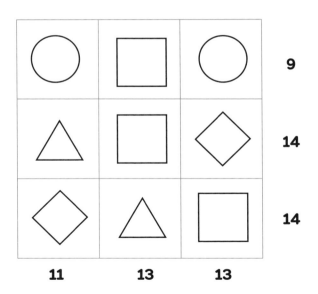

대한민국의 숫자

국가를 한글로 나타내면 아래와 같은 숫자로 표현할 수 있습니다. 대한민국에 알맞은 수는 무엇일까요?

 핀란드 = 0

 덴마크 = 1

 이탈리아 = 2

 오스트레일리아 = 3

 대한민국 = ?

동물 그림

동물 아래 숫자의 규칙으로 네 번째 빈 칸의 동물을 알 수 있습니다. 무엇일까요?

1 — 8 — 13 — 9

정사각형 만들기

4개의 조각이 있습니다. 4개의 조각을 모두 사용하여 1개의 사각형을 만들어 보세요.

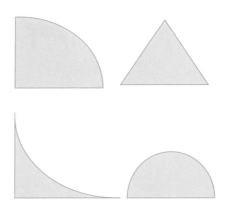

교신 암호

A국에서 B국으로 암호를 전송하려 합니다. 전송 내용은 오늘의 보안 데이터가 바뀌는 횟수입니다. 그제와 어제와 오늘의 데이터 변환 횟수를 보고 내일 데이터 변환 횟수를 구하세요.

$$1 \blacksquare 2 = 5$$
$$3 \blacksquare 1 = 10$$
$$2 \blacksquare 7 = 53$$
$$5 \blacksquare 6 = ?$$

논리적 시력 퍼즐

위에서 보기 의 세 물체를 빛으로 투사할 때 일치하는 그림을 아래에서 찾으세요.

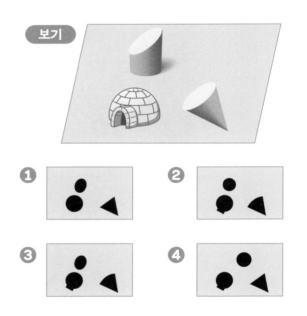

패턴 찾기

다음 도형판의 패턴을 파악하여 마지막 도형판을 알맞게 채우세요.

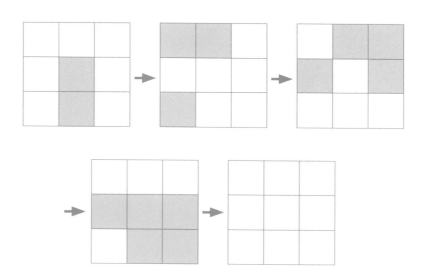

선을 4번 크게 그어서 합이 10이 되는 구역으로 나누어
보세요.

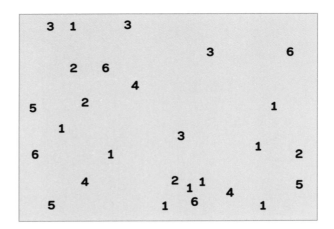

MATH
PUZZLE
64
★★★☆☆

조각 나누기

다음 표를 이어붙인 조각으로 일정한 합이 되게 5등분
으로 나누어 보세요.

5	2	3	2	3
3	5	1	1	2
2	1	6	4	6
2	5	4	1	2
2	3	5	3	2

MATH PUZZLE (65) ★★★☆☆

연산 규칙 퍼즐

3개의 박스 안 백색 칸 숫자와 초록색 칸 숫자는 연산 관계입니다. 연산규칙을 찾아 빈 칸에 알맞은 숫자를 구하세요.

1	2	3
1	2	3

2	2	7
1	5	7

5	1	5
?	5	5

4개의 조각으로 나누기

다음 그림은 새가 선반 위에 앉아 있는 모습을 나타낸 것입니다. 같은 모양의 조각이 4개가 되도록 나누세요.

분할

큰 구슬 안에 13개의 작은 구슬이 있습니다. 2개의 삼각형을 그려서 13개의 구슬이 1개씩 들어가도록 그리세요.

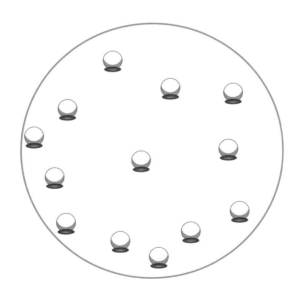

숫자의 규칙 완성하기

　다음 숫자에서 ━ 모양을 1개만 옮겨서 나열된 숫자 관계가 바르게 되도록 하세요.

숫자 맞추기

다음 세 글자로 된 단어의 초성을 보고 연상되는 숫자를 맞추어 보세요.

범죄 예고

보석 절도범이 자신을 쫓는 탐정에게 다음 범행을 예고 하는 메시지를 보냈습니다.

5월 ☐일 H 보석점을 털 것을 예고하면서 절도범은 ☐ 안에 그 날짜에 대한 힌트가 있다고 했습니다.

☐ 안의 숫자를 맞추어 보세요.

1   2   4

☐   **62   124**

MATH PUZZLE 71 ★★☆☆☆

이웃하기 않게 연속한 숫자 나열하기

1부터 8까지의 숫자를 한 번씩만 사용하면서도 이웃하는 숫자가 맞닿지 않게 나열하세요.

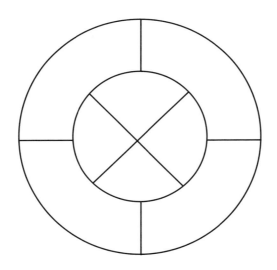

패턴 퍼즐

다음 표를 보고 빈 칸에 알맞은 모양을 그리세요.

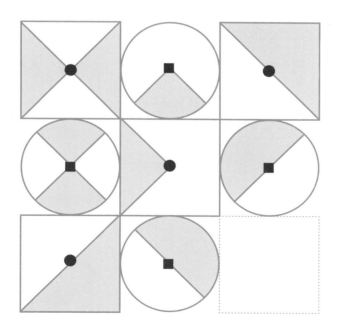

참 등식 만들기

조각을 2번 이동하여 참인 등식을 만들어 보세요.

숫자 규칙 퍼즐

다음 부채꼴의 숫자를 파악하고 **?** 안에 알맞은 숫자를 구하세요.

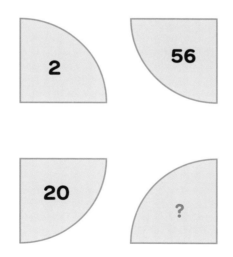

패턴 찾기

3×3 사이의 패턴 속 규칙을 찾아 빈 칸 안을 채우세요.

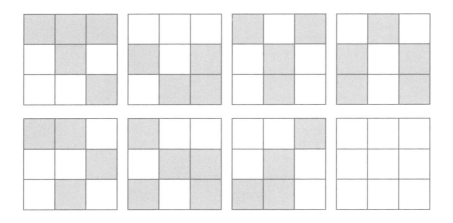

유별난 규칙

5개의 영단어 중 4개는 유별난 규칙을 따르지만 하나는
따르지 않습니다. 무엇일까요?

fox
ant
fly
cow
rat

삼각형의 개수 구하기

원 1개와 합동인 삼각형이 여러 개 있습니다. 합동인 삼각형은 모두 몇 개일까요?

마방진 완성하기

1부터 16까지의 숫자를 한 번씩만 사용하여 마방진을
완성하려 합니다. 5개의 숫자는 이미 넣었습니다. 나머지
숫자를 채워 넣으세요.

13		12	
2	11		14

테트라 스퀘어

직사각형 모양의 2칸, 3칸, 4칸 또는 정사각형 모양의
4칸으로 나누어 완성하세요.

	3			2
2	2		2	
		2	4	
		3		
	2	3		

격자판 숫자

격자에 쓰인 숫자를 보고 **?**에 알맞은 숫자를 맞추어 보
세요.

5	8	3	9	7
4	7	1	6	6
7	5	5	8	9
8	0	2	6	4
1	8	5	5	?

부채꼴과 다각형

빈 칸에 알맞은 숫자를 넣으세요.

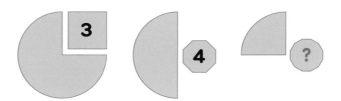

컨텍트

빈 칸에 알맞은 숫자를 넣으세요.

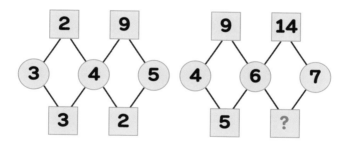

트라이앵글

트라이앵글 안의 세 숫자의 관계를 파악하고, **?** 안에 알맞은 숫자를 구하세요.

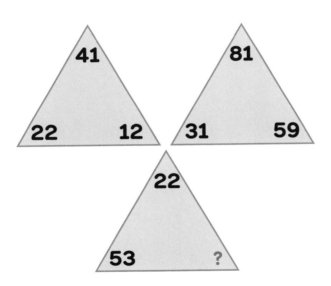

넌센스 퀴즈

여러분이 알고 있는 그림의 이미지에 대해 숫자를 추론
하여 계산하세요.

패턴 찾기

패턴 속 규칙을 찾아 ?에 들어갈 알맞은 모양은 ⓐ~ⓔ 중 어떤 것일까요?

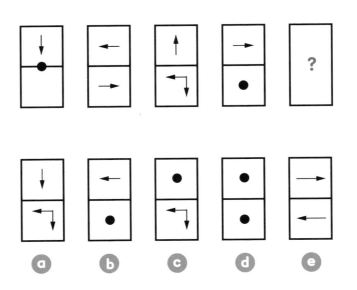

테트라 스퀘어

숫자에 맞춰 직사각형 또는 정사각형 모양으로 나누어 완성하세요.

	3	5					3
			3				
4				3	4		
					5		
	3			3		3	
	4			2			4
	4		2	3			
		3				3	

원판 퍼즐

두 개의 원판이 있습니다. 원판의 숫자는 어떤 관계가 있을까요? 빈 칸 안에 알맞은 숫자를 구하세요.

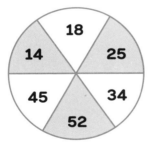
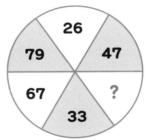

보물 열쇠 암호

민용이와 재석이는 보물 지도가 들어 있는 금고를 발견 했습니다. 금고를 풀 수 있는 암호는 YWTPK**?**라고 합니 다. 재석이는 암호를 풀기 위해 알파벳을 A부터 Z까지 써 보고 법칙을 알아냈습니다. **?**에 알맞은 알파벳은 무엇일 까요?

산타의 선물 주머니

산타는 1번, 2번, 3번 선물은 1번 주머니에, 4번, 5번, 6번, 7번, 8번 선물은 2번 주머니에 넣었습니다. 51번 선물은 몇 번 주머니에 넣었을까요?

MATH PUZZLE 90 ★★★★☆

파란 칸

다음 그림 속 숫자의 관계를 찾아 빈 칸에 알맞은 숫자를 넣으세요.

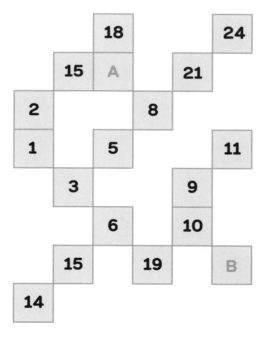

	18			24
15	A		21	
2		8		
1	5			11
	3		9	
	6		10	
15		19		B
14				

MATH PUZZLE 91 ★★★★☆

등호의 의미

다음 숫자는 등호와 관계가 있습니다. 규칙을 찾아
? 안에 알맞은 숫자를 구하세요.

$$4 = 1$$
$$5 = 2$$
$$7 = 4$$
$$9 = ?$$

숫자 8 모양의 규칙

A와 B에 들어갈 알맞은 숫자를 구하세요.

3	7	6	2
2			4
5			7
7			7
0	2	8	2
A			5
7			7
2			8
9	7	B	2

번호판의 숫자

번호판의 숫자에는 규칙이 있습니다. **?** 안에 알맞은
숫자를 구하세요.

1	6	2	0	6	2
2	5	8	2	5	?
7	2	5	5	2	4
5	5	5	1	2	5
2	6	2	2	3	5
2	5	0	5	2	2

아기와 실로폰

아기가 실로폰의 음정을 쳤습니다. 그런데 그 음정은 다음 도형판의 숫자를 특징에 맞게 나누어 의미에 맞게 배열하면 알 수 있습니다. 아기는 도레미파솔라시도 중 어떤 음정을 실로폰으로 쳤을까요?

43	55	77	35
25	83	45	53
81	61	27	73
63	19	39	11

논리적 사고력 테스트

?에 알맞은 알파벳을 넣으세요.

스도쿠

아이큐 140 이상이 풀 수 있다는 스도쿠 문제입니다.
빈 칸의 숫자를 채우세요.

			3		4		7	
	4	7		6		1		2
	8		1				6	
		1	4		5	6	8	
		3		8				
8					6		9	
4	1		7		8			6
	2		5	4		8	1	
9							4	

큐빅 숫자의 비밀

큐빅 위에 4개의 숫자가 있습니다. 숫자 사이의 관계를
찾아 ❓ 안에 들어갈 알맞은 숫자를 넣으세요.

기호와 숫자의 관계

다음 배열이 놓인 규칙을 찾아 배열판 아래 숫자와의 비밀을 풀어보세요. 그리고 **?** 안에 알맞은 숫자를 구하세요.

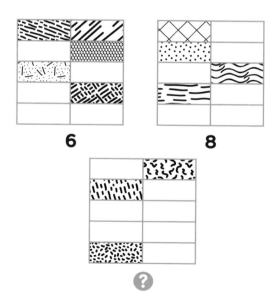

각각의 그림에는 어떤 규칙이 있을까요? 그림이 갖는
규칙을 찾아 **?**에 알맞는 숫자를 구하세요.

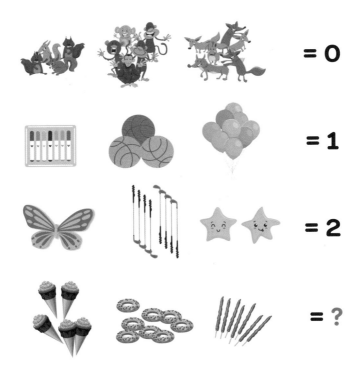

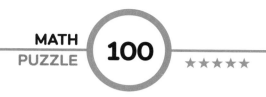
숫자의 비밀

 다정이는 다음 문제를 풀기 위해 사칙연산을 다양하게 적용해 보거나 두 자릿수, 세 자릿수로 나누어 풀어봤습니다. 다정이가 놓친 것이 무엇인지 찾아서 빈 칸에 알맞은 숫자를 구하세요.

1 0 2 2 2 4 2 3 2 1 2 ☐

해답

✅ 해답

1 **답**

2 **풀이**

답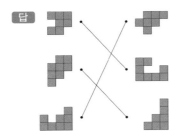

3 **풀이** ■ 조각의 넓이 2×2=4(cm²)
◪ 조각의 넓이 2×2÷2=2(cm²)
■ 조각은 10개이며, ◪ 조
각은 8개입니다.
따라서 10×4+8×2=56(cm²)

답 56(cm²)

4 **풀이** 5×5−4÷4+8=32

답 ×, −, ÷, +

5 **풀이** 왼쪽 맨 아래 블록의 숫자
인 8과 2의 합인 10을 윗 블록에 넣으
면서 계속 윗 블록의 숫자를 구합니다.
그리고 오른쪽 아래로 숫자의 차를 이
용하여 구합니다.

답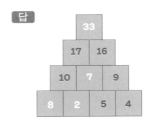

6 **풀이** 가로행과 세로열에 색칠된
칸이 항상 2칸입니다.

답

7 풀이

①+④=③, ②+⑤=⑥의 관계입니다. 따라서 ?에 알맞은 숫자는 차례대로 2+4=6, 3+5=8입니다.

답 위에서 아래로 차례대로 6, 8

8 답

1	2	3	4
3	4	2	1
4	3	1	2
2	1	4	3

9 풀이 영어 단어 오른쪽의 숫자는 알파벳 E의 숫자의 개수를 나타냅니다. 따라서 ?는 3입니다.

답 3

10 풀이 도형 안의 숫자는 맞닿는 변의 개수입니다. 따라서 A=3, B=2입니다.

답 A=3, B=2

11 풀이

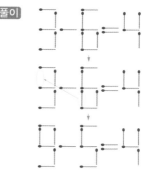

답

12 풀이 A, C, T, U, W, Y는 선대칭 도형이고, R은 선대칭 도형이 아닙니다.

답 R

✅ 해답

13 풀이 6개의 구슬은 십의 자릿수와 일의 자릿수를 더하면 9가 됩니다. 60은 십의 자릿수와 일의 자릿수를 더하면 6이므로 다른 구슬입니다.

답 60

14 풀이 16개의 문양은 다음과 같은 두 가지 문양으로 되어 있습니다.

15개   1개

답

15 풀이 나무 토막의 규칙은 첫 번째로 십의 자릿수와 일의 자릿수를 서로 바꾸는 것입니다. 두 번째는 3을 곱합니다. 세 번째는 십의 자릿수와 일의 자릿수의 곱을 구합니다. 따라서 62를 십의 자릿수와 일의 자릿수를 서로 바꾼 A에는 26을, 3을 곱한 B에는 78을, 십의 자릿수와 일의 자릿수를 서로 곱한 C에는 56을 적습니다.

답 A:26, B:78, C:56

16 풀이 여러 가지가 있습니다.

예1   예2

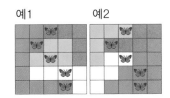

17 풀이 자신의 숫자를 거듭 곱한
후 자신의 숫자를 뺍니다.

5×5-5=20

답 20

18 풀이 도형의 왼쪽 아랫부분에
서 시작해 시계 반대방향으로 읽습
니다.

답 BLOCK

19 답

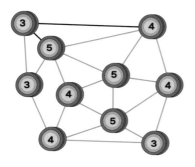

20 답 ⓔ

21 풀이
블록이 5×5×5개라면 125개가 있었
던 것입니다. 그중에서 지금 쌓인 블록
의 개수를 빼면 됩니다. 1층에는 25개,
2층에는 17개, 3층에는 10개, 4층에는
7개, 5층에는 5개가 쌓여 있습니다.
따라서 125-(25+17+10+7+5)=61(개)
입니다.

답 61(개)

22 답

4	3	2	1	2
5	2	1	5	4
5	3	3	6	2
1	2	4	2	3
7	1	2	4	1

✅ 해답

23 **풀이**

24 **풀이** 601+908을 뒤집어서 계산하면 806+109=915입니다. 191+868도 마찬가지의 방법으로 898+161=1059가 됩니다.

답 1059

25 **풀이** ⊙는 앞의 숫자와 뒤의 숫자를 서로 곱한 후 앞의 숫자를 더하면 됩니다. 따라서 9⊙2=9×2+9=27

답 27

26 **풀이** 블록의 세로열을 보면 항상 합이 10입니다. 따라서 8+?=10에서 ?=2

답 2

27 **풀이** 주사위의 앞면과 옆면 눈의 숫자를 서로 더한 후 밑면의 주사위의 눈 숫자를 곱하면 됩니다. 따라서 ?=(4+2)×5=30입니다.

답 30

28 **풀이** 자음 아래의 숫자는 직각의 개수입니다. 따라서 'ㅂ'의 직각의 개수는 6입니다.

답 6

29 풀이 반죽한 밀가루의 번호 중에서 빵으로 완성되는 번호는 짝수입니다. 따라서 ?는 38입니다.

답 38

30 풀이 천의 자릿수의 숫자는 나머지 자릿수의 숫자의 합보다 1이 큽니다. 따라서 문제에서 천의 자릿수는 7이므로 나머지 자릿수의 합은 6이 되어야 하므로 ?는 6입니다.

답 6

31 답 excellent

32 풀이 성냥개비를 이동한 후 빼기 기호(-)를 분수 받침대로 나타내면 참인 등식이 성립합니다.

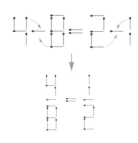

33 풀이 곱하기 관련 두 숫자를 ①②×③④로 생각할 때 (①+④)×(②+③)으로 계산하면 됩니다. 따라서 문제에서 58×91=(5+1)×(8+9)=102 입니다.

답 102

34 풀이 문제의 숫자를 가로로 나열하세요. 17≠71, 78≠17, 91≠80, 18≠11, 8□≠18. 이제 기호를 무시하고 세 자릿수씩 이어서 보면 177, 178, 179, 180, 181, 18□, 18로 보입니다. 따라서 빈 칸에는 2가 들어갑니다.

답 2

35 풀이 0부터 9까지 10개의 숫자 중 두루마기에 한 번씩 사용되면 나머지 숫자는 잉크병의 숫자가 됩니다. 첫 번째 그림에서 두루마기에는 2와 5를 제외하고 0부터 9까지 한 번씩 사용했습니다. 따라서 잉크병에는 2와 5를 사용하여 25를 쓴 것입니다. 문제에서 두루마기에는 0과 4 두 개를 사용하지 않았고 두 자릿수의 숫자이므로 40으로 나타냅니다.

답 40

36 풀이 12개의 달을 나타내는 명칭의 이니셜을 배열하면 문제를 풀 수 있습니다. F는 February의 이니셜입니다. 따라서 2월부터 마지막 1월까지 나열한 것입니다. 문제에 알맞은 이니셜은 1월 January의 이니셜인 J입니다.

답 J

37 풀이 맞물리는 톱니바퀴의 두 쌍의 숫자는 (5,2), (7,3), (13,6), (9,4), (17, ?)입니다. 두 숫자의 관계는 큰 숫자에서 작은 숫자를 나누면 몫이 2이고 나머지가 1입니다. 거꾸로 생각하면 작은 수의 두 배에 1을 더하면 큰 수가 됩니다. 따라서 17에 대응하는 작은 수는 8입니다.

답 8

38 풀이 한자의 부수를 하나 떼어내서 틀린 등식에 붙입니다.

氣 ⟶ $\sqrt{10000} = 100$

답 $\sqrt{10000} = 100$

39 풀이 화살표 오른쪽 숫자는 왼쪽 숫자의 둘러싸인 부분의 개수입니다. 따라서 48은 3입니다.

답 3

40 풀이 교차점의 개수를 구하는 문제입니다. 따라서 문제에서 花(화)는 4개입니다.

답 4개

41 풀이 파란색으로 칠한 부분의 숫자의 합은 아래 그림처럼 빨간 칸 안의 숫자가 됩니다.
따라서 ?=2+1+4+6+2=15입니다.

2	1	4
	15	6
		2

답 15

42 풀이 어불성설의 음성을 이미 지화하기 위해 나타낸 그림을 찾으면 됩니다. 어불성설(語不成說)은 이치에 맞지 않는 말을 나타낸 사자성어로 마지막 설은 說(말씀 설)이지만 '설'과 발음이 같은 눈 雪(설)이 알맞습니다.

답 ②

43 풀이 원판에서 (색칠한 부분의 숫자)^2+2 =(마주보는 흰색 부분의 숫자)가 되는 규칙입니다. 따라서 문제에서 5^2+2=27이므로 ?=27입니다.

답 27

44 풀이 ①과 ②, ③의 최소공배수는 ④⑤가 되는 규칙입니다. 따라서 문제에서 6, 8, 9의 최소공배수는 72이므로 ?=2입니다.

답 2

✅ 해답

45 풀이

$\dfrac{①}{④} + \dfrac{②}{⑤} = \dfrac{③}{⑥}$의 관계로 분수식을 생각하면 됩니다. 따라서 문제에서 $\dfrac{2}{7} + \dfrac{3}{10} = \dfrac{41}{70}$ 이므로 A=41, B=70 입니다.

답 A=41, B=70

46 풀이 육각형 안의 숫자는 이웃하지 않는 변의 개수입니다. A는 4개, B는 4개입니다.

답 A=4, B=4

47 풀이 ①=두 자릿수 ②③÷4의 관계입니다. 문제에서 ?=80÷4=20입니다.

답 20

48 풀이 보라색으로 칠한 부분의 블록 3개를 점선 방향으로 이동하면 오른쪽처럼 좌우대칭인 도형이 완성됩니다.

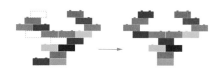

49 풀이 글자 '감'에서 자음과 모음의 각각의 합이 19입니다. 따라서 문제에서 1+9+2+?=19에서 ?=7입니다.

답 7

50 풀이 세 글자 '개미다'에서 자음인 ㄱ, ㅁ, ㄷ의 곱과 모음인 ㅐ, ㅣ, ㅏ의 합은 항상 16입니다. 따라서 문제에서 1×4×2×A×1=16이므로 A=2, 2+B+5+6=16에서 B=3입니다.

답 A=2, B=3

51 풀이 처음 구슬부터 나열하면 121, 144, 169는 각각 11^2, 12^2, 13^2입니다. 따라서 문제에서 14^2=196이므로 ?=6입니다.

답 6

52 풀이 흰색 부분의 합을 시작으로 번갈아 색칠한 부분의 합이 3×1, 3×2, 3×3, 3×4인 규칙입니다.
따라서 문제에서 1+A+3+1+1+1+4=3×4에서 A=1, 2+B+2=3×2에서 B=2입니다.

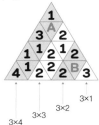

답 A=1, B=2

53 풀이 그림판의 숫자는 가로행과 세로열의 합은 항상 10이고, T가 항상 1개씩 포함된 규칙으로 구성되어 있습니다. 그리고 파란색 칸은 항상 4칸씩이며 분홍색 칸은 항상 3칸씩 포함합니다.

따라서 빈 칸에 알맞은 그림은 ③번입니다.

답 ③

117

54 풀이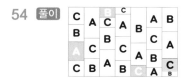

같은 알파벳끼리는 이웃하지 않게 배열하면 위와 같이 완성됩니다. 따라서 ?에 알맞은 알파벳은 C입니다.

답 C

55 풀이 1 9의 중간에 가로로 선을 하나 그으면 $\frac{10}{11}$ 이 되며 $\frac{10}{11} \times 11 = 10$ 으로 참인 등식이 성립합니다.

답 $\unicode{} × || = |0$

56 풀이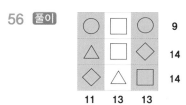

색칠한 두 세로열을 보면 원과 삼각형, 마름모의 합과 원과 마름모, 정사각형의 합이 2만큼 차이가 납니다. 이것은 삼각형보다 사각형이 2가 더 큰 것을 의미합니다. 가운데 두 번째 열에서 사각형 2개와 삼각형 1개의 합이 13입니다. 그래서 삼각형 3개와 4를 더한 수는 13입니다. 삼각형 1개의 값은 3이 되고 사각형 1개의 값은 5입니다. 그 다음 차례대로 원과 마름모의 값을 구할 수 있습니다.

답 ○:2, △:3, □:5, ◇:6

57 [풀이] 덴마크의 '마'는 마로 선 대칭 글자입니다. 이탈리아의 '이'와 '아'도 선대칭 글자입니다. 대한민국의 '대'도 선대칭 글자이므로 대한민국은 1입니다.

[답] 1

58 [풀이] 숫자를 영어로 나타내면 one-eight-thirteen-nine으로 끝말잇기입니다. 그림도 horse-elephant-tiger-?에서 ?는 rabbit인 ①이 알맞습니다.

[답] ①

59 [답]

60 [풀이] ■기호의 앞의 숫자와 뒤의 숫자를 각각 제곱하여 더하면 보안 데이터 횟수가 됩니다.
문제에서 5■6=5^2+6^2=61입니다.

[답] 61

61 [답] ②

62 [풀이] 처음에는 가장 윗줄이 비고, 다음 단계에는 가운데 줄이, 그 다음은 마지막 줄이 비는 규칙입니다. 색칠하는 부분은 2개, 3개, 4개, 5개, 6개로 점점 1개씩 늘어납니다. 마지막 문제에서 6개는 경우의 수가 1가지로 채워집니다.

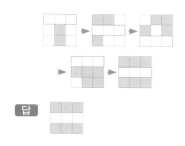

[답]

119

✓ 해답

63 답

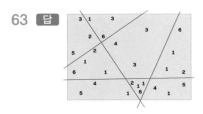

64 풀이 표 안의 숫자의 합은 75입니다. 75를 5등분하면 조각 1개의 합은 5칸을 차지하여 15가 됩니다. 다음과 같이 서로 다른 펜토미노 5등분으로 나누어집니다.

5	2	3	2	3
3	5	1	1	2
2	1	6	4	6
2	5	4	1	2
2	3	5	3	2

65 풀이 표 1개에서 초록색으로 색칠한 부분의 합은 흰색 부분의 곱과 항상 같습니다. 따라서 문제에서 5+5+5=?×1×5에서 ?=3.

답 3

66 답

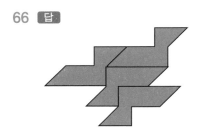

67 답

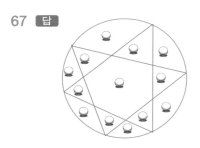

68 풀이 94363840

↓

34363840

맨 앞의 9에서 ━ 모양 1개를 6번째의 0 가운데로 옮기면 8이 됩니다. 그러면 34, 36, 38, 40의 공차가 2인 등차수열이 됩니다.

69 풀이 무지개, 일주일, 난장이, 클로버의 초성을 나열한 것입니다. 따라서 숫자 7입니다.

답 7

70 풀이 빈 칸에 알맞은 숫자는 124의 약수 중 하나입니다. 따라서 31입니다.

답 31

71 답 답은 여러 가지입니다.

예)

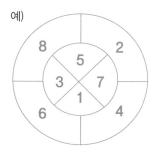

72 풀이

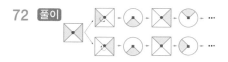

하나의 문양은 반시계방향으로 1칸씩 이동하며, 다른 하나는 시계방향으로 1칸, 2칸, 3칸씩 하나 더 증가하면서 이동합니다. 문제에서는 9번째 그림이므로 처음 문양과 같은 모양이 됩니다. 그리고 가운데 원 모양이 사각형 모양으로 번갈아 달라지는데 9번째는 원 모양입니다.

답

73 풀이

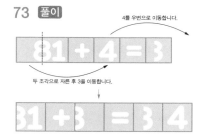

74 [풀이] 시계를 떠올리세요.

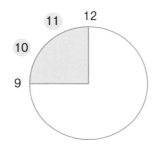

문제에서 9와 12를 제외한 10과 11의 곱인 110입니다.

[답] 110

75 [풀이] 두 쌍씩 짝을 지어 좌우로 접으면 9칸이 전부 채워지는 패턴입니다. 왼쪽에 채우지 못한 부분을 접었다고 생각할 때 흰 부분을 색칠하면 됩니다.

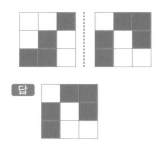

76 [풀이] 영어 단어 자체가 알파벳 순서로 놓은 단어의 규칙입니다. fox에서 f, o, x는 알파벳 순서가 맞습니다. rat는 a가 가장 먼저 나와야 하는데 r이 먼저 나왔으므로 규칙에 따르지 않습니다.

[답] rat

77 [답] 14개

78 [풀이] 1부터 16까지의 숫자의 합을 구한 후 4로 나누면 가로행, 세로열, 대각선의 합은 항상 34가 되어야 합니다. 이에 맞게 나머지 숫자를 한 번씩 사용하여 채웁니다.

13	8	12	1
3	10	6	15
2	11	7	14
16	5	9	4

79 답 예

	3			2
2	2		2	
		2	4	
		3		
	2	3		

80 풀이 가로칸의 숫자에서 첫번째 숫자부터 세 번째 숫자까지의 합은 네 번째 숫자와 다섯 번째 숫자의 합과 같습니다. 따라서 문제에서 1+8+5=5+?에서 ?=9입니다.

답 9

81 풀이 (부채꼴이 원에 대해 차지하는 비의 값)×(오른쪽 도형의 변의 개수)가 숫자를 의미합니다. 따라서 문제에서 부채꼴의 비의 값은 $\frac{1}{4}$ 이고 오른쪽 도형은 12각형이므로 ?= $\frac{1}{4} \times 12 = 3$ 입니다.

답 3

82 풀이

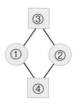

①×②=①+②+③+④의 규칙입니다. 따라서 문제에서 6×7=6+7+14+? 에서 ?=15입니다.

답 15

83 풀이 첫 그림에서 22, 41, 12를 224와 112로 생각하면 224를 2로 나눈 수가 112입니다. 따라서 문제에서 532를 2로 나눈 수는 266이므로 ?=66입니다.

답 66

✓ 해답

84 [풀이] 하늘, 백구, 사공, 가방 (bag)의 순서로 이미지가 있습니다. 하늘 天(천)이므로 1000, 백구는 109, 사공은 40, 가방은 bag으로 100입니다. 따라서 1000-109+40+100=1031

[답] 1031

85 [풀이]

0, 2, 4, 6, 8로 2씩 증가하는 등차수열입니다. 화살표는 숫자로 나타낼 때 선분이 없는 부분을 나타냅니다. 따라서 문제의 빈 칸에 알맞은 8은 작은 점을 2개로 나타내야 합니다.

[답] ⓓ

86 [풀이]

	3	5				3
			3			
4				3	4	
					5	
	3			3		3
	4			2		4
	4	2	3			
		3			3	

87 [풀이] '색칠한 부분의 두 자릿수'의 십의 자릿수와 일의 자릿수의 위치를 바꾼 후 7을 빼면 마주 보는 수와 같습니다. 따라서 문제에서 ?는 79의 위치를 바꾼 97에서 7을 뺀 90입니다.

[답] 90

88 [풀이]

ABCDEFGHIJKLMNOPQRSTUVWXYZ

알파벳을 A부터 Z까지 적은 후 Y부터 시작하여 1개, 2개, 3개, 4개, 5개의 알파벳을 건너뛰어서 적는 규칙입니다. 따라서 마지막에는 E가 들어갑니다.

[답] E

89 풀이 선물 번호에 제곱근을 씌운 값의 정수 부분이 주머니의 번호에 대응하는 규칙입니다. 1번, 2번, 3번 선물은 제곱근을 씌우면 $\sqrt{1}$, $\sqrt{2}$, $\sqrt{3}$ 이므로 정수 부분은 1입니다. 그래서 1번 주머니에 넣는 것입니다. 51번 선물은 $\sqrt{51}$ 의 정수 부분을 찾으면 됩니다. 즉 $\sqrt{49}$ 와 $\sqrt{64}$ 사이의 무리수가 됩니다. 7과 8 사이의 수이므로 정수 부분은 7입니다. 따라서 7번 주머니에 넣습니다.

답 7번 주머니

90 풀이

14	16	18	20	22	24
13	15	17	19	21	23
2	4	6	8	10	12
1	3	5	7	9	11
1	3	5	7	9	11
2	4	6	8	10	12
13	15	17	19	21	23
14	16	18	20	22	24

1부터 24까지 흰색 부분의 표처럼 차례로 적고, 아래쪽 반대편 파란색 부분에도 대칭이 되도록 나타냅니다. 이것으로 문제의 빈 칸의 숫자를 알 수 있습니다.

답 A=17, B=23

91 풀이 등호에서 좌변의 숫자를 제곱하여 십의 자릿수를 우변에 적는 규칙입니다. 따라서 9=?에서 $9^2=81$이므로 십의 자릿수는 8입니다. ?=8.

답 8

92 풀이

23부터 하나씩 숫자가 커지는 규칙입니다. 단 2칸씩 건너띄면서 커집니다. 또 75부터 2칸씩 건너띄면서 커지는 규칙이 하나 더 있습니다. A는 75부터 2칸씩 건너띄면서 1씩 증가하다가 79 다음에 80이므로 8이 알맞은 숫자입니다. 23부터 2칸씩 건너 띄며 증가하다가 25 다음이 26이므로 B는 6입니다.

답 A=8, B=6

✅ 해답

93 풀이 250부터 261까지 순차적으로 숫자가 나열되는 규칙입니다. 다음 방향으로 연속으로 나열되며, ? 안의 숫자는 258 다음의 25?에서 ?=9입니다.

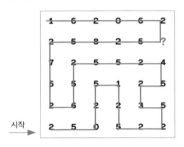

답 9

94 풀이 십의 자릿수와 일의 자릿수가 모두 홀수인 숫자와 십의 자릿수는 짝수인데 일의 자릿수는 홀수인 두 부분으로 나누면 됩니다.

43	55	77	35
25	83	45	53
81	61	27	73
63	19	39	11

위의 도형판을 ㄷ자와 ㄱ자를 조합하여 '도'를 만듭니다.

답 도

95 풀이 여러분이 사용하는 PC의 자판을 보면 N이 B의 오른쪽에 있습니다.

답 N

96 풀이

1	6	2	3	5	4	9	7	8
5	4	7	8	6	9	1	3	2
3	8	9	1	2	7	4	6	5
2	9	1	4	7	5	6	8	3
6	7	3	9	8	1	2	5	4
8	5	4	2	3	6	7	9	1
4	1	5	7	9	8	3	2	6
7	2	6	5	4	3	8	1	9
9	3	8	6	1	2	5	4	7

97 풀이 큐빅 위의 숫자는 파란 지점으로부터 칸 수입니다. 따라서 4칸이 떨어져 있으므로 ?=4입니다.

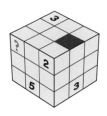

답 4

98 풀이 다음처럼 2등분을 나누어 빈 칸의 숫자끼리 곱하는 것입니다.

배열판은 가로행이 2칸, 세로열이 5칸입니다. 이것을 세로로 2등분하면 첫 번째 그림에서 왼쪽에는 3개의 칸이 비어 있고, 오른쪽에는 2칸이 비어 있습니다. 그러므로 3×2=6입니다. 문제에서 이 규칙에 따르면 3×4=12입니다.

답 12

99 풀이 물건이나 동물의 개수를 일, 이, 삼, 사, 오 등으로 불렀을 때 받침에 'ㄹ자'가 있는지의 개수입니다. 첫 번째 그림은 사, 오, 육이므로 'ㄹ'이 없기 때문에 0입니다. 두 번째 그림은 칠, 삼, 구이므로 'ㄹ'이 하나 있습니다. 따라서 1입니다. 이 규칙을 적용하면 문제의 그림은 오, 팔, 칠이므로 'ㄹ'이 2개입니다. 따라서 ?=2입니다.

답 2

100 풀이

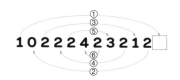

그림의 ①부터 ⑥까지 화살표 방향이 순차적으로 가리키는 숫자는 1□, 20, 21, 22, 23, 24이므로 빈 칸에 알맞은 숫자는 9입니다.

답 9